青少年信息技术科普丛书

不再神秘的
区块链

李楠 熊璋 著

张旭东 王亚青 绘

机械工业出版社

CHINA MACHINE PRESS

近些年，从报纸、杂志到图书，都经常能看到区块链这个概念，但是对于青少年朋友来说，理解起来可能还是有点难，因为区块链背后的密码学、对等网络、智能合约、哈希技术等概念听起来都是那么高深。本书用易懂的语言和有趣的漫画展示了区块链的方方面面，并以身边常见和容易理解的小事件来类比说明区块链背后的各种技术。阅读本书，你会有"原来是这样啊！"的豁然明朗的感觉，也会发现区块链原来就在我们身边，它与我们的生活息息相关。

图书在版编目（CIP）数据

不再神秘的区块链 / 李楠，熊璋著；张旭东，王亚青绘. — 北京：机械工业出版社，2022.10（2024.6重印）
（青少年信息技术科普丛书）
ISBN 978-7-111-71559-7

Ⅰ.①不… Ⅱ.①李… ②熊… ③张… ④王… Ⅲ.①区块链技术 – 青少年读物 Ⅳ.①TP311.135.9-49

中国版本图书馆CIP数据核字（2022）第165544号

机械工业出版社（北京市百万庄大街22号 邮政编码100037）
策划编辑：黄丽梅　　　　　　责任编辑：黄丽梅
责任校对：张亚楠 张 薇　　责任印制：郜 敏
中煤（北京）印务有限公司印刷

2024年6月第1版第2次印刷
140mm×203mm·4.5印张·49千字
标准书号：ISBN 978-7-111-71559-7
定价：39.00元

电话服务　　　　　　　　　　网络服务
客服电话：010-88361066　　　机 工 官 网：www.cmpbook.com
　　　　　010-88379833　　　机 工 官 博：weibo.com/cmp1952
　　　　　010-68326294　　　金 书 网：www.golden-book.com
封底无防伪标均为盗版　　机工教育服务网：www.cmpedu.com

丛书序

　　信息技术是与人们生产生活联系最为密切、发展最为迅猛的前沿科技领域之一，对广大青少年的思维、学习、社交、生活方式产生了深刻的影响，在给他们数字化学习生活带来便利的同时，电子产品使用过量过当、信息伦理与安全等问题已成为全社会关注的话题。如何把对数码产品的触碰提升为探索知识的好奇心，培养和激发青少年探索信息科技的兴趣，使他们适应在线社会，是青少年健康成长的基础。

　　在国家《义务教育信息科技课程标准》（已于 2022 年 4 月出台）起草过程中，相关专家就认为信息科技的校内课程和前沿知识科普应作为一个整体进行统筹考虑，但是放眼全球，内容新、成套系、符合青少年认知特点的信息技术科普图书乏善可陈。承蒙中国科协科普中国创作出版扶持计划资助，我们特意编写了本套丛书，旨在让青少年体验身边的前沿信息科技，提升他们的数字素养，引导广大青少年关注物理世界与数字世界的关联、主动迎接和融入数字科学与技术促进社会发展的进程。

本套书采用生动活泼的语言，辅以情景式漫画，使读者能直观地了解科技知识以及背后有趣的故事。

书中错漏之处欢迎广大读者批评指正。

目　录

第 1 章

区块链
从哪里来

古老的起源

　　不知你是否有过这样的经历？明明觉得自己能记住的事情，过了一段时间就淡忘了，特别是时间、地点这些精确的细节，要想记得精确更是难上加难。

　　因此，从小老师就建议我们养成写日记的好习惯，一方面提升我们的写作能力，另一方面也是辅助我们记录生活。当然，日记里不仅要对一件事情的时间、地点、人物等要素进行记录，更主要的是要描写自己的所见、所闻和所想。所以，如果你只是把已经发生过的事情一条条罗列，老师往往会笑着说你写的日记像"流水账"。

虽然"流水账"不强调文采，但是它的作用还真不小。比如在课堂上，同学们经常需要记"流水账"一样的笔记，这样课后复习的时候就方便多了。

无论是写日记还是记课堂笔记，实际上都是"记账"的一种形式。在我们的生活中，记账真的很重要，不论是个人，还是家庭，每天买了多少东西、每个月收入多少、支出多少，最好都一笔一笔清晰地记录下来。记账是生活管理的基础。

会记账，可以说是我们人类独一无二的技能。你的日记、课堂笔记、朋友圈发的动态，还有你的爸爸妈妈每个月开销的记录清单，银行打印的收入流水，都可以认为是一种记账。有了记账能力，人类就可以弥补自己"不太靠谱"的记忆力，实在记不清的时候可以看一看账本，这样更有利于我们节约脑力和时间，在其他方面发挥聪明才智。

记账的历史已经十分悠久了。在几万年前的旧石器时代的中晚期，由于生产力水平的提高，我们祖先所在的原始部落里出现了一些剩余物资，这时单凭头脑记数和记事已经不能满足需要了，人们不得不在头脑之外的自然界去寻找帮助记事的载体以及进行记录的方法。

那时的记账方法非常原始，多是用坚硬的石块在石头、兽骨、树木等载体上刻画记号，这些记号通常只有刻画者自己才能理解，别人只能揣测。在我国，有一个距今约2万多年的山西峙峪人遗址，该遗址发现了几百件有刻纹的骨片，历史学家推测这些刻纹可能是用来表示数量的。而在同一时期的甘肃刘家岔遗址、北京周口店山顶洞人遗址都发现了有刻纹的鹿角。考古学家通过大量的发现已经证实，这些刻画的线条和缺口都已经具备了"数"的概念。

一开始，人们记录的符号非常形象，比如一个猎人今天捕获了一些猎物，有牛、鹿或者兔子，他就会努力尝试比较完整、形象地画出这些动物的样貌来帮助自己记忆猎物的类别和数量，又费时又费力。后来人们只用少许几笔就能明确地画出这些猎物的主要特征，比如用一对牛角代指一头完整的野牛。换句话说，抽象的符号开始慢慢萌芽了。有了符号，我们就有了记账最有力的工具。

随着岁月变迁，更多的记账工具和记账所需的计算方法涌现出来，从结绳记事到后来的纸质账簿，再到今天的电子表格，从古老的算盘到今天的算法和软件，我们记账的本领越来越强大。本书要讨论的区块链可以说是记账这门技术的集大成者，所以经常有人将区块链形容为运行在网络上的"大账本"。如果把这个"大账本"技术运用到金融领域，就变成了我们常说的"数字货币"。

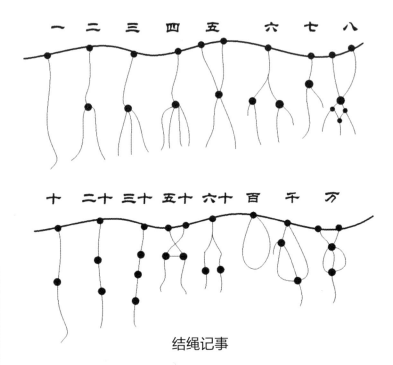

结绳记事

古老的账本

古老的算盘（北京科学中心具象数学展厅）

区块链的诞生

区块链这个名词也许大家都不陌生，作为一个热门词汇，频繁地出现在网络、电视、杂志和书籍中。我们一提到区块链，很多人先想到的就是比特币，然后就会联想到金钱和财富。其实这样的理解是非常片面的，比特币只是区块链的一种金融应用，其合法性目前在绝大部分国家也得不到保证。区块链本身是一种技术，而且还是一种很复杂、很有趣的技术。虽然有很多人经常在闲谈中把区块链挂在嘴边，但其实很少有人能把区块链中蕴含的技术原理讲得很清楚。

　　区块链的正式诞生颇具神秘色彩。2008年，网络上活跃着一个密码学爱好者组成的邮件群组。不像大家现在天天使用社交网络，当时具有共同技术爱好的人往往以电子邮件群组的方式进行交流，而且群组里的人都是匿名的。这个群组里包含了一群热衷于采用密码学技术改变世界的技术爱好者，有大公司的科研人员、工程师、大学教授等。群组里的人都十分热衷于探讨技术、交流思想。

2008 年 11 月 1 日，一个署名为中本聪的人在这个群组中默默地发表了一篇论文，名为《比特币：一种点对点的电子现金系统》。中本聪这个名字只是一个化名或者网名，这个人的年龄、国籍甚至性别至今都是一个谜。一开始，中本聪的这篇论文就像一粒小石子扔在开阔的湖泊中，没有掀起太大波澜。当时谁也没想到，这粒小石子就像一个导火索，引爆了未来十几年中最受关注的技术——区块链。

2009 年 1 月 4 日，比特币世界第一个区块产生，被称为"创世区块"，正式拉开了这场技术狂欢的序幕。随着数字货币的火爆，区块链吸引了全球大量的关注目光。全世界的媒体都在寻找中本聪，但没人能找到，他就这么凭空消失在众人眼前。曾经有很多人声称自己就是中本聪本人，有的甚至展示了有史以来第一笔比特币系统内的转账交易。但随后一封以中本聪的账号发布的邮件出现在网上，并声称：我不是你们说的那个人，我们每个人都是中本聪。

当然，区块链并不是一项单一的技术，它是由很多技术组合而成的，包括数学、计算机网络、分布式计算、密码学等。如果你

要问，区块链是中本聪发明的吗？可以说是，也可以说不是。说是，是因为基于区块链的整个比特币技术体系是一种从未出现过的分布式账本系统，非常具有创新性甚至是颠覆性，是比特币将区块链带进了人们的视野。说不是，是因为这种分布式账本技术仍然是站在前人的肩膀上完成的，早在区块链诞生以前，这些技术大部分早已存在。

其实，学术界真正的"区块链之父"并不像中本聪这样神秘。一般认为区块链的真正发明者是美国科学家斯科特·斯托内塔（W.Scott Stornetta）和斯图尔特·哈伯（Stuart Haber），早在 20 世纪 90 年代，他们就提出了相应的技术，只不过当时还没有区块链这个名字。但是由于中本聪的神秘，大家对他一直念念不忘，毕竟我们至今也不能确定他究竟是谁，甚至不能准确地知道他的国籍和性别，在现在这样一个信息发达的全球化社会中，这是不可想象的。

其实，在包括我国在内的世界上很多国家，比特币的交易并不合法，但比特币的出现把数字货币这个名词和区块链这项技术带进人们的视野，可以说功不可没。

火爆的应用

虽然提起区块链，就会联想到数字货币，但其实二者并不等同，不能混淆。前者是一种计算机技术，而后者是一种金融应用。但如果没有数字货币在全球掀起的热度，区块链也不会发展得如此迅猛，因此我们有必要来好好介绍一下数字货币。

比特币属于数字货币的一种，数字货币是个更为广泛的概念。可以说，任何一个人，只要掌握了区块链的基本技术，都可以创造属于自己的数字货币，但问题在于这种数字货币是否被国家法律所允许？是否能被大众认可和使用？如果答案是否定的，那么这种数字货币就没有意义。现如今，数字货币究竟火爆到什么程度呢？据估计，目前全球市场上能说得出名字的数字货币接近2000种。

我们认识数字货币要从两个角度着手，一个是金融的角度，另一个是技术的角度。如果我们不了解数字货币最基本的技术原理，那么很难从金融的角度去理解。而如果我们不能真正理解数字货币，那么就很容易受到蛊惑和欺骗。

由于大部分人对区块链技术都很陌生，只是不断地听说和看到"去中心""分布式""匿名""不可篡改"这样的词汇，同时受到数字货币炒作出来的巨大"市值"的影响，非常容易掉入数字货币的诈骗陷阱。现在数字货币诈骗的受害者每年都在增加，甚至有的人倾家荡产，这是非常值得我们警惕和思考的。

如果一种数字货币能够确定是国家权威机构发行的，比如我们的数字人民币，那么大家就可以放心使用，那是绝对没问题的。问题主要存在于那些自由发行的数字货币上。那么我们如何识别哪些是数字货币诈骗呢？其实只要我们坚守一些原则和底线，就不难做到。

数字货币诞生的初衷不是为了财富增值。中本聪在提出比特币的时候，丝毫没有提到使用比特币能给你带来多少财富。任何一个国家发行法定货币的时候，例如人民币、欧元、美元等，都不会说"你使用了我的货币，你的财富就会增值"这样的话，因为这些货币只是作为流通和交易的工具存在的。如果一个人告诉你，使用了他的数字货币，每年你可以赚多少钱，并且需要从你的钱包里拿出真金白银来投资、来购买，那么这个人十有八九就是骗子了。

投资

"区块链"

虚拟货币

集资诈骗

如果一种数字货币比较知名，那么是不是就万无一失呢？当然也不是。有时候有些人会拿着这些知名的货币当幌子，中间设置层层环节，其目的还是掏空你的钱包。换句话说，只要让你把钱交给一个具体的人或者一个非官方的机构，那么都是需要万分小心的。

如果你充分了解了区块链技术，那么你的底气就会变得比较足，因为你可以凭借自己的技术实力使用数字货币，而不依赖其他人，受骗的概率就大大降低了。但这并不意味着没有风险，因为目前很多数字货币已经背离了交易工具的初心，变成了炒作工具，而使用它们唯一的目的就是投机获取财富。可以想想，如果一种数字货币不能直接购买牛奶、面包，只能通过兑换成人民币来购买你需要的东西，那么这种数字货币又怎么能称为货币呢？

归根结底，掌握知识才是防止被欺骗的最重要武器。区块链是一种技术，数字货币也有美好的初心，它们是否能服务于我们的生活，最重要的还是看我们如何使用它们。

第 2 章
区块链到底是什么

去中心化的对等网络

我们经常说区块链是一种"去中心化、点对点的网络架构"。那么这里的"去中心化"和"点对点"到底是什么含义呢？其实这两个概念是相互关联的。互联网的历史并不算长，一般认为20世纪60年代出现在美国的阿帕网是互联网的开端。当时已经有不少组织或大学有了计算机，同时也就有了数据分享的需求，这也是计算机网络出现的一个初衷。可见，互联网的诞生建立在一些中心化的计算节点已经存在的基础上，因此，利用中心化的思想构建网络是最简单的途径了。

另外，那时互联网的建设目标主要是服务于军事，当时的想法认为单一集中的军事指挥中心万一被摧毁，那么整体的军事指挥将处于瘫痪状态，因此想要设计分散指挥系

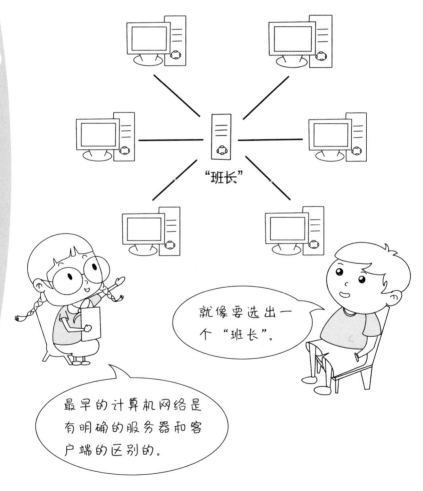

"班长"

就像要选出一个"班长"。

最早的计算机网络是有明确的服务器和客户端的区别的。

统，包括很多指挥点。这样当部分指挥点被摧毁后，其他指挥点仍能正常工作，而这些分散的指挥点又能通过某种形式的通信网取得联系。

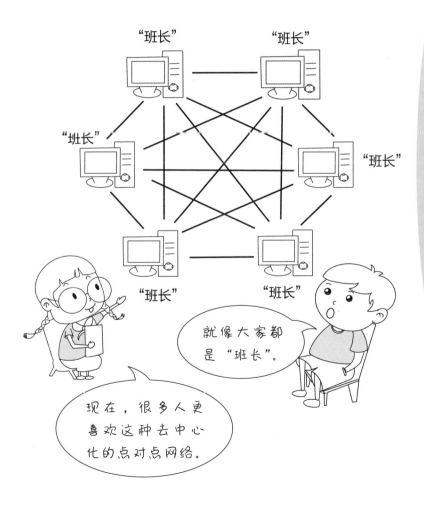

可以看出，互联网诞生之初就已经出现了完全中心化的安全隐患，但解决的办法并不是去中心化，而是建立很多具有类似功能的中心，然后用网络把它们连接起来。在一个真正的去中心化的网络里，每一个接入网络的人或机器的地位都是完全平等的，你无法指出在网络里，哪一台计算机比另一台更重要，所以这种网络也叫作对等网络，或者P2P（Peer to Peer）网络。因为区块链技术一个最重要的初衷就是它会运行在一个完全平等的、没有管理者的、可以完全自治的网络环境里，因此去中心化的P2P网络形式自然而然会成为首选。

　　其实在我们平时的学习生活中，去中心化的沟通方式是最普通、最自然的方式了。可以想象一下，平时在学校，你和同学之间聊天的时候，是否还需要一个第三者站在你们中间来回传话呢？这样是不是感觉非常麻烦？所以说，去中心化的点对点网络应该是沟通最自然的方式了。但完全的去中心化也会有缺点，比如你在国际学校，班里的同学来自不同的国家，语言不同，相互之间如果想顺畅地交流，需要学会几门外语，这样的做法远不如有一个人掌握所有外语，然后大家通过他来进行交流更方便。

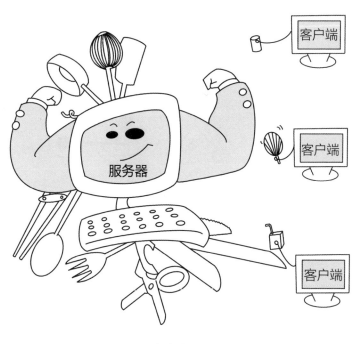

中心化

去中心化

在对等网络中，节点平等的含义并不是他们的功能单一不变，而是他们在不同的场景中可以承担不同的角色。比如说有一种广泛应用的文件下载协议叫作 BitTorrent（简称BT），就是在 P2P 网络中构建的。一个人想要使用 BT 下载一个视频文件，而这个文件可能存储于 P2P 网络中的任何一台计算机上，这种情况下，这个人就是下载的客户端，而拥有这个文件数据的人则是服务器端。一旦文件下载完成了，这个人的角色马上就发生了转变，变成文件数据的服务器了，这样就可以很方便地为网络中其他有需求的人提供下载服务。在这个 P2P 网络中，资源存储是完全去中心化的，不同的文件分散存储在各个终端节点上。这种下载方式虽然给用户带来了方便，但也可能成为盗版电影、书籍等传播的温床，因为资源太过于分散了，给彻底清除盗版资源带来很大难度。

不再神秘的区块链

可以说，去中心化面临的最大挑战就是当每个网络节点的能力不够强大时，大家能不能通过协作的方式来完成复杂重要的任务。如果可以协作，那么大家在沟通协作时出现了冲突如何达成共识。如何确保在这样一个松散的网络中大家沟通的内容和发布的信息安全可靠。

上面这些问题在中心化的网络结构中其实并不是不存在，只是很多时候可以由能力强大的中心机构来解决。区块链技术想要做到完全的去中心化，就要解决两个核心的问

不再神秘的区块链

各位家长，现在的班级没有老师也没有班长，所有同学完全平等，要去观摩一下吗？

全校教育改革
班级管理完全去中心化

校长

很期待！

家长

家长

题，一是在对等网络中依靠什么方法保证信息安全；二是在发生分歧时依靠什么机制来协商从而达成共识。

不再神秘的区块链

分区块的数据存放

区块链中的数据都存放在区块中。那么区块到底是怎样存取数据的呢？其实，每个区块就是一个占据了计算机中一部分存储空间有一定结构的数据，和你存在硬盘上的照片和音乐本质上没有任何区别，并不神秘。

我们知道，计算机是使用二进制的方式来存储数据的。描述数据大小一般有两种单位，一种叫比特（bit），另一种叫字节（byte，简写为 B）。比特是二进制位的英文简称，一个二进制位包含的信息量就称为 1 比特。比特可以说是计算机内部数据存储的最小单位了。比特和字节的关系也是固定的，1 字节是由 8 比特组成的，换句话说，一个 8 位的二进制数就是一个字节的大小。在区块链技术中，一个区块所占用的空间大小是需要被限制的。比如在比特币中，区块限制为 1MB 大小，具体字节数就是 1024×1024=1048576B。

8bit=1B

1024B=1KB

1024KB=1MB

1024MB=1GB

比特与字节

北京科学中心具象数学实验室里的二进制计算器

为什么我们要对区块的大小"斤斤计较"呢？这是因为随着时间的推移，链条中的区块也会越来越多，每个区块的大小会极大地影响网络速度和容量。举个例子，如果允许每个人都将自己所有的生活照片和录像放在区块里面，那么区块链就会变得极为臃肿，不光计算机承受不了，计算机与计算机进行数据传输和同步也会非常缓慢，这样区块链就失去应用价值了。

一个区块的结构又分为两大部分，一部分是区块头，另一部分是区块体。一般来讲，区块头的大小是固定的，换句话说每个区块的区块头都一样大，而区块体的大小则是不确定的。以比特币为例，其区块头会占用80字节，里面存放了版本信息、时间信息、与工作量证明相关的信息和关联区块的数字指纹，这里的数字指纹其实是指哈希值。那什么是工作量证明和哈希值呢？这其实是区块链技术的精华所在，后面的章节会为大家详细介绍。而区块体里面存放的信息内容就和区块链应用的场景息息相关了，比如常见的数字货币应用，那么里面存放的就是用户具体的交易信息。

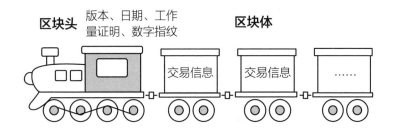

有效的防伪和防篡改

在互联网的世界里，有时会碰到这样的问题，我们可能费了很大力气最终下载了一个假文件，跟我们期望的文件完全不是一回事，既浪费了我们的时间也伤害了我们的感情，这种文件可能是一个很大的压缩包，也可能是一部高清视频。那么有没有什么方法可以判断一个文件，特别是一个大文件，究竟是不是我们想要的那个文件呢？换句话说我们有没有什么方法可以很快地比较一下两个文件是不是一模一样呢？

　　想要判断两个文件的内容是否真的一模一样，最简单的方法就是一个字节一个字节地比对，如果所有的字节都一样，那就说明两个文件一样。但这种方法对于特别大的文件来说效率太低了，比如两个大小一模一样

的文件，都是 50GB，其中只有一个字节不一样，那为了找到这个不一样的字节而把两个文件所有的字节比对一番，需要花很多时间。有没有什么更好的方法呢？

那你现在要做什么有意义的事情吗？

我去动物园数数猴山有多少只猴子……

　　试想一下，如果一个文件有类似我们人类"指纹"一样的可识别的特征就好啦。我们就可以通过对比特征，而不是全部文件来判断两个文件是不是一样。或者我们通过检查文件的特征是否有变化来判断文件是不是被篡改过。这件事情在区块链里面特别重要，因为如果没有这种技术，我们就很难判断区块中存储的信息是否被篡改过，那么区块链的安全性也就很难保证。目前，我们找到了一种非常好的方法来解决这个问题，那就是哈希算法。

哈希算法理论上是一种只能加密而不能解密的密码学算法，又叫消息摘要算法，"哈希"是英文单词"Hash"的音译。它的基本原理是把任意长度的输入值，通过哈希算法变成固定长度的输出值。这个转换的规则就是对应的哈希算法，而原始数据转换后的二进制串就是哈希值。哈希算法并不指某一个具体的算法，而是一类算法的总称。任何文件都可以是哈希算法的输入，可以是一段视频，一首歌曲，也可以是一个程序或一张图片，无论它们的体积是大还是小，通过哈希算法的运算后都能得到同样长度的哈希值，也就是形如"1886dba4"这样的字符串。而且，好的哈希算法保证了两个不同输入文件生成同样的哈希值的概率非常低。这样我们就可以认为哈希值就是计算机中文件的"指纹"。

好好学习，天天向上

2886dba4
c8c519f1
e6e44416
9580f18b

　　那么有没有这样一种情况，就是两个文件不同，但对应的哈希值却是相同的？这就好比世界上有没有两个不同的人指纹却是相同的呢？这种情况还真是有可能发生的，只不过概率很低。就拿指纹来说吧，有科学家做了估算，从遗传学和统计学角度分析，假设地球上拥有 60 亿人口，那么要出现两个人的指纹相同，平均也要 6000 年左右才会出现一次。而对于哈希值的计算来说，算法越好，那么出现冲突（两个哈希值相同）的可能性就越小，我们管这种冲突叫作哈希值的碰撞。但无论多么好的算法都避免不了碰撞，这又是为什么呢？

其实道理也很简单，用我们熟悉的抽屉原则就可以解释。假如我们有一种非常简单的哈希算法，不管输入何种数据，它都会给出一个两位二进制数作为哈希值。那么实际上可能存在的哈希值就只有 4 种，分别是"00""01""10"和"11"。

假设我们现在有 5 个不同的文件要进行哈希计算。如果把这四种哈希值的情况比喻成 4 个抽屉，而这 5 个文件比喻成 5 个苹果。那么问题就变成要把这 5 个苹果放到 4 个抽屉里，无论怎样放，我们会发现，至少有一个抽屉里面需要放不少于 2 个苹果，也就意味着至少会有 2 个文件产生同样的哈希值，这就发生了我们所说的哈希值的碰撞。

要想让哈希值的碰撞发生的概率降低，最简单的办法就是增加"抽屉"的数目。例如有一种哈希算法被称为 MD5 算法，它可以产生 128 位的哈希值。那相当于"抽屉"有多少个呢？那就是 2 的 128 次方，算出来等于 340282366920938463463374607431768211456 个。这是一个非常庞大的数字，所以发生哈希值的碰撞的概率就变得很低了。

哈希算法还有一个特别重要的特点，那就是相同的数据输入会得到相同的哈希值，而输入数据的微小变化会得到完全不同的哈希值。而且完全不能通过哈希值来反推输入数据是什么。这跟我们的指纹很像，即便是亲兄弟，其指纹可能相差也很大；而且也完全不能通过人的指纹来推断出这个人的相貌、身高等其他特征，否则的话，我们就变成传说中会看手相的算命先生啦。

不再神秘的区块链

哈希算法的用途非常广，可以用于数据保护和数据校验等多种场合。比如我们登录一个网站往往需要利用密码进行身份认证。但是你的密码最好不要以"明文"的方式存放在网站后台的数据库里，因为这样的话很可能会被别有用心的人从数据库中窃取。数据库管理者可以把密码通过哈希算法转换成哈希值存放在数据库中，这样即便有一个小偷看到了哈希值，也不可能反推出原来的密码到底是什么，这个密码的真实值只存在于你的脑海里。但当你使用密码登录的时候是怎么处理的呢？你输入的密码会被转换成哈希值再和数据库中存储的哈希值比对，如果一模一样，就会认为你的密码输入正确。

所有的密码都被我转换成哈希值记录下来了，万无一失，你永远猜不出！

你果然在防备我！

完啦，全忘了！

根据哈希值是无法反推输入值的，但愿那些密码你还记得！

哈希值的另一个用途是做文件校验。比如我们使用的网络硬盘有这样一种功能，叫作瞬间上传或者极速秒传。也就是你上传一个很大的文件，比如一个 4GB 大小的视频文件，好像没用几秒钟就一下子传上去了。这个看着很神奇的功能跟哈希算法有关。其实这个文件在网盘里已经存在了，可能是一个你完全不认识的人先于你上传的，网盘软件发现了你的文件和这个已经存在的文件一模一样，就主动地把这个文件的链接关联到你的网盘空间里了。当然，想要知道你的文件是否已经在网盘上，需要进行文件校验，这是一个非常耗时的过程。幸好有哈希算法，网盘软件先根据你的文件算出哈希值，然后用哈希值校验网盘中所有文件的哈希值，如果发现一样的就说明校验成功了。但是，如果你想上传的文件在网盘中根本不存在，那么极速秒传这种功能就实现不了啦。

不再神秘的区块链

那么，哈希算法又是如何在区块链技术中大放异彩的呢？顾名思义，区块链就是由区块构成的链条，而哈希算法就是保证链条中区块能够安全串联起来的重要技术。要想知道它们是如何结合的，让我们先看看计算机中的"链"到底是什么。一般来说，链是一种数据结构，特指首尾相连的数据块。就好像幼儿园的小朋友们去公园玩的时候，老师往往会叮嘱，让大家排成一队，而且每个小朋友都要拉住前面小朋友的衣服，这样，大家就形成一个相对比较安全的链条了。对于一个小朋友来说，他只需要关心前面小朋友的位置并和他保持连接就可以啦，至于其他小朋友到底在哪里，他是不用关心的。

区块链就是一种类似的数据结构，区块和区块之间首尾相接地连在一起，形成一条链的同时又体现了区块创建的时间关系，即越靠前的区块创建的时间就越早。这样，数据就能比较好地保存在区块链中。

但是，这样的链式数据结构有一个问题，就是我们如何去防范那些居心巨测的人将区块中的信息篡改掉呢？用上面排队的例子来打比方，一个小朋友只需要抓住前面小朋友的衣服，但如果前面的小朋友偷偷来了个金蝉脱壳，会不会换了一个小朋友而后面的小朋友却一无所知？这样的话，区块链的安全性就很难保证了。

那么如何确保我们能迅速发现区块链中的区块被篡改了呢？这时候就要使用哈希值了。当每一个新区块要加入区块链时，它会单独开辟一个位置，存放前面区块内容对应的哈希值，依此类推，区块链中只要有任何一个区块内容被篡改了，哪怕只是改了一个字符，都一定会被后面的区块发现，因为被篡改区块的哈希值一定会发生变化，是无法通过校验的。

　　如果真的有居心不良的人想篡改一个区块的内容，那么他将面临一个十分浩大的工程，因为一个区块改变以后，紧跟着后面的

每一个区块都需要被合法地改变，否则哈希值校验就不会通过。也许有人会说，那就将所有的区块都篡改吧，反正现在计算机的运算能力非常强大。其实没这么简单。大部分区块链系统在创建区块的时候采用了一种叫作"工作量证明"的共识机制，这个机制在本书的后面会详细介绍。简而言之，就是创建一个区块需要经过大量的计算，而篡改区块实际上就相当于新建区块，同样需要大量的计算。对于很多人来说，计算出一个区块都很不容易了，何况他还要重新计算紧跟着这个区块后面的所有区块呢！对于有的区块链系统来说，只有控制了全部算力的51%以上才能够真正地篡改区块链中的内容。这是什么意思呢？就是你要证明你的力气足够大，要大到超过其他人所有力气总和的一半才可以。否则一旦你有什么非法的举动，一定会被正义的力量发现并纠正。

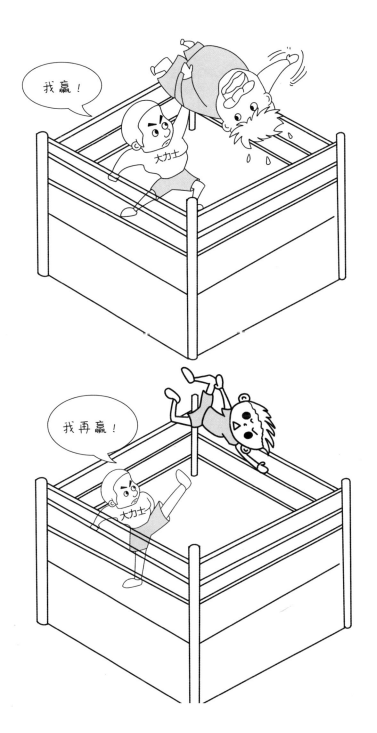

不再神秘的区块链

信息的加密

针对不同的应用需求，区块链的区块中可以存放各种信息，当这些内容不太重要时，可能我们还不会注重信息安全问题。但是有些应用场景十分的敏感，比如数字货币的应用，或者各种数字资产的交易（比如你拍摄的照片、你撰写的文章都属于你个人的数字资产）。在这些场景中，我们随时要防备不法之徒来窃取或者篡改正确的信息。这时我们就需要行之有效的手段对信息进行加密，或者对信息交流过程中双方的身份进行确认。而这一切问题的解决，都要靠密码学来帮忙。在区块链中，我们主要利用密码学中的非对称加密技术来解决信息保护和身份验证的问题。

你知道吗？传说公元前 58 年左右凯撒大帝就通过将文本中的字母进行位移的方法来给军事命令加密了。

不再神秘的区块链

嗯，我对密码学也颇有研究，老师常常评价我的作业就像加了密一样，除了我自己谁也看不懂！

……

既然有非对称加密算法，当然也就存在对称加密算法了。其实古老的加密算法都可以认为是对称的加密算法，也就是加密和解密使用同一把加了密的"钥匙"，称之为密钥。在这里我们虽然用了钥匙这个较为形象的描述，但其实所谓的密钥可以是各种形态，最常见的密钥就是一个密码本。

大家可能都听说过摩尔斯电码，这是一种时通时断的信号代码，非常简单，通过通断信号的不同排列顺序来表达不同的英文字母、数字和标点符号。如果一个人通过摩尔斯电码来加密了一段文字，那么不懂该电码的人是完全看不懂的。而一个手拿着摩尔斯电码表的人就可以很容易地破译加密信息的内容。在这里，摩尔斯电码表就是我们所说的密钥了。

摩尔斯电码表

字符	电码符号	字符	电码符号	字符	电码符号
A	· —	N	— ·	1	· — — — —
B	— · · ·	O	— — —	2	· · — — —
C	— · — ·	P	· — — ·	3	· · · — —
D	— · ·	Q	— — · —	4	· · · · —
E	·	R	· — ·	5	· · · · ·
F	· · — ·	S	· · ·	6	— · · · ·
G	— — ·	T	—	7	— — · · ·
H	· · · ·	U	· · —	8	— — — · ·
I	· ·	V	· · · —	9	— — — — ·
J	· — — —	W	· — —	0	— — — — —
K	— · —	X	— · · —	?	· · — — · ·
L	· — · ·	Y	— · — —	/	— · · — ·
M	— —	Z	— — · ·	( )	— · — — · —
				—	— — · · · —
				·	· — · — · —

摩尔斯电码表与电报通信

据我国古代兵书《六韬》记载，3000 多年前，姜子牙就已经发明了"阴符"作为军事密码了。到了明朝，我国军事家戚继光还发明了一种"反切码"，这种密码以两首诗歌作为"密码本"。取前一首中的前 20 个字的声母，依次编号为 1~20；取后一首 36 个字的韵母，顺序编号为 1~36。再将当时福州方言字音的八种声调，按顺序编号为 1~8，形成完整的"反切码"体系。它的使用方法是：如送回的情报上的密码有一串是 5-25-2，对照声母编号 5 是"低"字，对照韵母编号 25 是"西"字，声母和韵母合到一起就是 di，对照声调是 2，就可以切射出"敌"字。

"反切码"的密码本

这些古老的对称加密算法有一个重大的缺点，就是密钥很容易被窃取，一旦被窃取，以前所有利用该密钥加密的内容就都大白于天下了。但为了传递信息，我们也无法将密钥私藏，还必须将他们送给信息接收者，这样泄密的概率就大大提高了。

　　为了解决上面这些问题，人们逐渐发展出了非对称加密算法。非对称加密算法是一类算法的总称，主要特点就是拥有公钥和私钥两种密钥，而公钥和私钥是同时生成的，不能胡乱搭配。顾名思义，私钥被其拥有者私有，是不应该泄露出去的，而公钥是可以发布让所有人使用的。对于任意一段信息，想要加密的话，就需要将这段信息和一个密钥进行搭配，作为算法的输入，而算法的输出就是密文了。输入的密钥既可以是公钥，也可以是私钥，只不过用公钥生成的密文只有用私钥才能解开，用私钥生成的密文只有用公钥才能解开。

公钥加密

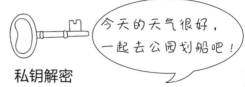

私钥解密

　　非对称加密在区块链中主要包括两种应用场景。一种场景是两个节点间在通信的同时需要将通信的内容加密。而另一种场景是验证一段信息作者的真实身份，也就是我们所谓的数字签名。

　　比如节点 A 想给节点 B 发送一封信，那么 A 需要使用 B 发布的公钥对这封信进行加密，形成密文，这封密文信除了 B 以外是谁也解不开的，即便是 A 也解不开（当然 A 也不需要解开，因为 A 是知道原始信件内容的）。B 收到了这封信以后，使用私钥就可以解开这段密文，获得真实信息了。这样的好处是显而易见的，B不需要泄露自己的私钥给任何人，除非有人窃取了B的私钥，否则整个加密解密过程是非常安全的。如果反过来，B想给A回信怎么办呢？他肯定不能用自己的公钥给信加密，因为这样A是解不开的。他需要使用A提供的公钥就可以啦，因为A自然拥有相对应的私钥。按照上面的做法，信息就可以很安全地在区块链网络中传递，而不需要担心被第三方偷窥了。

阿呆把给班级发的群发邮件进行了非对称加密，想看内容还需要先下载他的公钥，真麻烦！

阿呆真牛！

不过没事，全班同学给他回邮件时也都各自加了密，他今天已经折腾三个小时查看回信了。

作茧自缚……

我们现在还面临一个问题，就是 B 是如何确定这封信一定是 A 发出的呢？如果有人想伪造 A 发信，也是很容易的啊！这就需要数字签名技术了。其实不光是节点间互发信息，区块上存放的记录也是需要用数字签名来确定其拥有者的真实性的。数字签名也用到了非对称加密技术，只不过这种情况是使用私钥加密，用公钥解密的。假设 A 想给 B 发一封信，在信的尾部想做一个数字签名，首先他利用哈希算法将信的内容生成一个哈希值，然后使用自己的私钥将这个哈希值进行加密，加密的结果就是数字签名。

　　这封信的内容可以再次进行加密发给指定的人，比如使用 A 提供的公钥加密发给 B，也可以完全不加密地公开，发给任何人。因为这封信上数字签名的目的不是为了保密，而是为了证明发信人的真实身份是 A。如果一个人想确定这封信的真实性也很简单，他可以用 A 提供的公钥对数字签名来解密。如果解不开，证明这封信肯定不是 A 发出的；如果解开了，就能够证明这封信的确出自 A 的手笔。但是，虽然确定了签名的真实性，又该如何确定信的内容没被篡改呢？这也好办，因为数字签名里包含了信件内容的哈希值，只需要根据公开的信件内容计算出相应的哈希值，进行比对就可以了。

　　目前来看，我们还面临一个风险，即我
们如何确定公钥的真实性。假设有一个不怀
好意的 C 入侵了 A 所在的计算机，那么他可
以用 C 的公钥来冒充 A 的公钥进行发布。这
样，C 就可以冒充 A 给大家写信了，收到信
的人很难识别真假，因为他们是可以用假冒
公钥顺利地解密数字签名的。要想解决这个

问题，我们必须借助一个有公信力的第三方机构——证书中心。证书中心的任务是发布各种信息的权威认证，也可以对公钥进行认证。对于 A 来讲，他首先要将自己的公钥提交到证书中心，证书中心会将公钥信息和 A 的个人信息组合以后利用证书中心的私钥进行加密，这个加密的结果就叫作证书。这样 A 在发送信件的时候不但要附带数字签名，还要附带证书。B 收到这封信以后，首先通过证书中心的公钥将证书解密，确定这个证书里面的公钥对应的就是 A 本人，这样这个公钥就很令人放心了。接着 B 就可以利用认证过的公钥对信件的数字签名进行解密了。

不再神秘的区块链

当然，也许你要问，如果证书中心被劫持了怎么办啊？我到底该相信谁呢？其实，网络世界和现实世界一样，没有百分之百的安全，所有的加密算法都有可能被破解，只不过是难度大小的问题。密码学就是在"道高一尺，魔高一丈"的相互交锋中不断发展起来的。至少目前来看，结合了信息内容非对称加密和数字签名的技术，我们就可以基本保证区块链中的区块内容和节点交互的信息安全可靠了。

当然，所有的安全都有一个大前提，就是私钥和个人账户一定要保护好。一旦私钥被窃取，或者个人账户被盗用，一切保护措施就都失效了。

不再神秘的区块链

良好的共识机制

在我们平时的生活中，有些事情往往需要大家达成共识才能解决，如果不达成一致意见，再小的事情都有可能引发一场争吵。达成共识的方法有很多种，小范围的共识可以用相互商量的方式解决，因为参与者往往彼此信任，大家自然而然地遵循着少数服从多数的原则。如果需要商量的人变多了，或者需要决策的事件比较重要，就得有一套有效的流程来组织这个商量的过程。例如中学生小明的班里要选班长，老师会制定一个选举投票流程，让大家通过投票，并按照少数服从多数的原则来决定是谁当选。班长一旦选出了，即便没有给他投票的同学也会承认选举结果，这就说明全班同学最终达成了共识。

不再神秘的区块链

但是，这种生活中基于投票的共识方法有很多问题。首先，它需要一个大家都信任的人来对投票过程进行组织和管理，比如班级的老师。其次还需要投票人之间充分信任，确保没有捣乱分子去篡改投票结果。但是在计算机网络的世界这些条件都不具备了。正如我们前面所讲，区块链的世界是一个去中心化的网络世界，每个计算机节点都是平等的存在，不存在像"老师"一样具有管理和组织功能的权威节点。而且节点之间也互不信任，也许还存在有特殊目的的捣乱分子。在这种环境下，对任何事情进行决策和共识都是个不小的挑战。

比如我们知道，区块链是一个环环相扣的"大账本"，第一个要决定的事情就是：下一笔账由谁来记。为了鼓励大家记账，区块链的机制中会给记账人一些奖励。例如在用于交易的区块链系统里，这种奖励可能就是货真价实的数字货币。有了回报，大家就有主动认真记账的动力了。

不再神秘的区块链

咱们用投票的方式决定谁来记账吧。

那肯定是每个人只投自己，别想了！

要不别给记账的人奖励了，谁想记就记吧。

那就会跑来一堆做假账的和瞎记账捣乱的，账本没法看了。

要不大家都举手，谁举的快谁来记。

那你说谁来判断举手快慢呢？别忘了我们是去中心化的，没有裁判。

你说咋办？

区块链告诉我们：好好认真记账，辛苦付出了，就会得到奖励，如果乱记账瞎记账，不但根本不可能得到奖励，还非常容易被发现，辛苦也就白付出了！

为了争夺"记账权"，区块链中的每一个节点都要去解决一个十分复杂的问题，谁先解决了，下一个区块就由谁来添加。对于计算机来讲，能让它们感觉到辛苦的当然就是数学计算了，所以这种证明自己计算能力的过程在区块链中叫作工作量证明。

下面的问题就来了，这样的计算问题需要如何来设计呢？这可不是随便什么数学问题都可以，它需要具备下面的条件才行。

首先，这个问题必须每个节点都会算，但需要消耗一定的计算时间，并且问题的计算难度需要能方便调整。就像老师出考试卷，一定要根据班级同学们知识掌握的熟练程度来控制题量，否则会导致同学们在规定的时间内无法做完。对于区块链来讲，所有节点的平均计算能力变强了，题目就难一点，反之就简单一点，这样能保证总有人在可接受的时间里完成计算。

其次，问题的答案必须是一次性有效的，否则只有第一次需要花费算力来计算，而后续照抄就可以了。例如像"计算圆周率小数点后多少位数"这类问题就不行，因为它的答案是固定不变的。

最后，这个计算问题的答案要保证别人偷走了也用不了，否则万一有计算机黑客盗窃了你的结果，抢在你前面提交答案就糟了。

要想找到这样的问题是很不容易的，中本聪的最大贡献之一就是找到了这样一类问题，我们来看看究竟是什么吧。

区块链中的工作量证明实际上是一个描述起来特别简单的问题，我们可以用一个小例子来类比。假设一个不透明的口袋里放了10个小球，分别写着0到9这10个数字。然后让一个小朋友从里面一个个拿球。我们规定一旦拿到数字小于2的球，这个小朋友就获胜了。也就是说这个小朋友想要胜利，只要拿到0号球或1号球其中一个就可以了。其实对于小朋友来说这个游戏有些漫长，因为不会总有那么好的运气，前两次摸球就能拿到这两个球，毕竟在10个球当中，2个球是少数，很多时候小朋友需要拿五六次球才能结束游戏。

不再神秘的区块链

我们怎么才能减小游戏难度，让小朋友快点获胜呢？很简单，只要将"数字小于2"这个条件变成"数字小于8"就行了，这样很多时候，小朋友第一次摸球就能获胜啦。

在区块链中，我们控制工作量证明计算难度的方法和摸小球游戏是一模一样的，只不过在这里，小球上的数值变成了我们之前介绍过的哈希值，而随机摸小球的过程就是我们计算一个哈希值的过程。如果你要问哈希值计算的输入是什么，也很简单，就是我们在区块链中想要记账的那个新区块的内容。具体来说，可以这样理解区块链"记账"权争夺中的工作量证明问题：系统给出了一个哈希值，不同的节点计算出自己想要添加的区块对应的哈希值，谁先计算出一个比系统给出的哈希值小的结果，谁就拥有"记账"权。

如果系统想让这个计算问题变得更难，只需要将给出作为标准的哈希值设置得很小就可以了。相反，如果系统发现在一段时间内新区块添加的速度很慢，说明大家的计算能力都降低了，系统就会将作为标准的哈希值调大。总之，系统就像一个了解大家学习状态的老师一样，能根据学生的计算能力调整问题的难度。在当前的比特币系统中，系统会根据对网络中计算能力的估算，将新区块添加的时间控制在 10 分钟左右。

天啊，里面怎么又有数字又有字母啊，是我太笨吗？比大小都不会了？

放心，不是你太笨，哈希值一般是用 16 进制表示的，咱们数字只有 10 个，少的那 6 个符号只好用字母代替了。

比大小
0123456789abcdef
9876543210fedcba

对于一个节点来讲，想要计算出一个合适的哈希值是不容易的，这个过程有人管它叫作"挖矿"。这些负责计算的计算机节点叫"矿工"。那么"挖矿"的具体过程是什么呢？

不再神秘的区块链

我也是矿工……

如果你想获得"记账"权，那么就要用你想添加的区块作为输入算出一个哈希值，和系统规定的哈希值进行比大小。一般来说第一次就成功的机会不大，如果不成功怎么办呢？我们可以对区块中的内容稍加修改，这样下一次就能算出一个完全不一样的哈希值。当然，我们是不能随便修改区块中有用的内容的，比如不能将"小明欠我5元钱"这样的信息随便改成"小明欠我6元钱"，这就属于账目造假啦。那么我们改什么内容呢？幸好我们在区块中专门存放了一个数字，这个数字没有别的用处，就是用来帮助我们计算不同的哈希值的，我们只要每次把这个数加1就行了。这样就保证我们可以不断地改变区块的内容，进而不断生成新的哈希值。直到有一天，新的哈希值小于系统给定的哈希值，我们就算挖矿成功啦！

　　不过在你还没有计算出合适的哈希值之前，如果其他人已经计算出满足条件的结果了，你该怎么办呢？没别的好办法，只能放弃之前的计算结果，把目标转到下一个区块的"记账"权争夺。在工作量证明的世界里，实力就是硬道理，谁的计算能力强，就能在同样的时间里算出更多的哈希值，谁就有更大的机会获取"记账"权。

也许你还想到了一种风险，你好不容易算出来一个满足条件的哈希值，被别人看到了，窃取了你的劳动成果怎么办呢？这种担心是多余的，因为算出哈希值的这个区块里面是有你的签名的，别人偷走了也没有用。一旦把签名改掉了，区块的内容也就变化了，对应的哈希值也会改变，这个计算结果也就无效啦。

还有一个疑问是，你辛辛苦苦计算出的结果，能不能在以后的"挖矿"过程中重复利用呢？这样岂不是很省力？很不幸，这样是不行的，因为后面添加的区块无论是时间戳还是内容都和以前所有的区块不一样，所算出的哈希值前面一定没出现过，因此前面所有节点计算出的所有结果实际上都用不上，这也在最大程度上保证了竞争的公平性。

通过上面的讨论，我们知道了，工作量证明可以较为公平有效地让各个节点达成共识，也就是下一个区块由谁来添加，在这个

不再神秘的区块链

过程中投机取巧是不太可能的。之所以要这样大费周折才能达成共识，是因为我们假设了区块链运行在一个并不安全的环境中，时时刻刻都有可能出现不怀好意、破坏规则或是想要不劳而获的人。

其实，在计算机网络的世界中，共识机制是一个很重要的难题，很多年前就有人提出了类似的讨论。1982年，图灵奖获得者莱斯利·兰伯特等人在一篇论文中提出了"拜占庭将军问题"。

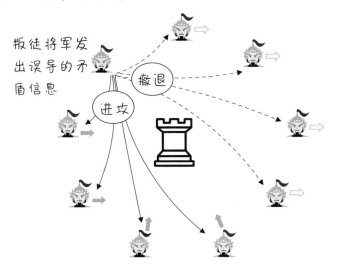

拜占庭将军问题

古时候的拜占庭帝国拥有巨大的财富，周围9个邻国虎视眈眈，但拜占庭实力强大，没有一个单独的邻国能够成功入侵。任何单个邻国入侵都会失败，同时自身也有可能被其他8个邻国入侵。所以至少要有9个邻国中的一半以上同时进攻，才有可能攻破拜占庭帝国的防御体系。

各个国家的将军必须通过投票来达成一致策略，要么一起进攻，要么一起撤退。由于将军们只能通过信使互相联系，在协调过程中每位将军都将自己投票"进攻"还是"撤退"的消息通过信使分别通知其他所有将军，这样一来每位将军根据自己的投票和其他将军送过来的投票，就可以知道投票结果，从而决定是进攻还是撤退。

但问题在于：将军中可能出现叛徒，他们不仅可以投票给错误的决策，还可能会选择性地发送投票。假设9位将军中有1名叛徒，8位忠诚的将军中出现了4人投"进攻"，4人投"撤退"，这时候叛徒可能故意给4名投"进攻"的将军投"进攻"，而给另外4名投"撤退"的将军投"撤退"。这样在4名投"进攻"的将军看来，投票是5人投"进攻"，从而发动进攻；而另外4名将军看来是5人投"撤退"，从而撤退。这样，一致性就遭到了破坏。

拜占庭将军问题困扰了大家几十年，其实，如果叛徒足够多的话，良好的共识是肯定无法达成的。区块链中基于工作量证明的共识机制其实已经很有效了，数字货币系统运行至今也没有出现什么大问题。当然如果有一个人拥有超强的计算力，强大到超过了其他所有人计算力总和的一半，那么他就可以随心所欲地添加虚假的区块了。当你的计算力不够的时候，即便能够在新添加的区块中作假（比如将你欠小明10块钱涂改成小明欠你 10 块钱），也没办法处理后面不断出现的正义的声音（记录了正确信息的区块）。本着少数服从多数的原则，当区块中记录的账目发生冲突和不一致的时候，以多数区块记录的信息为准。一旦一个节点的计算能力超过了全部节点计算能力的 51%，那么就意味着这个节点添加的虚假区块很有可能会生存下来，那么区块链也就被篡改了。

智能合约

如果我们只把区块链系统看成一个大账本，那就太小瞧它啦。实际上，区块链的能力远不止于此。大家可以想想，区块链是运行在计算机网络中的，而网络中有无数的接入终端，好比你家里的电脑、包里的手机都可以认为是这个网络中的一部分。这些计算设备的能力可是十分强大的，无论是玩游戏还是解数学题，无论是网络购物还是聊天看电影，它们几乎无所不能。因此我们可以想象，区块链可以利用这么强大的计算能力和这么便捷的计算机网络做很多激动人心的事情。

计算机的行事风格我们都是了解的，它们铁面无私，一丝不苟，严格按照程序来执行任务，极少出差错。琳琅满目的应用程序，背后是一行行的程序代码。正是这些代码构筑了丰富多彩的网络世界。如果你想在计算机上做一些个性化的事情也没问题，你可以自己学习计算机编程技术，用代码来实现你的设想和意图。对于区块链来讲，也是存在这样一种机制的，你可以通过编写程序来实现复杂的目标，而这种机制我们称为智能合约。

智能合约

　　说到合约这个词，我们总觉得是个法律术语，往往用在交易过程中。其实区块链中智能合约的能力可不仅局限于此，只不过这个词汇诞生之初是用来进行智能化交易的，因此一直沿用了下来。我们可以简单地理解，智能合约就是运行在区块链上的、可由用户自主编写的程序。多数情况下智能合约用于区块链上的各种交易，当然你也可以发挥自己的聪明才智，让它用在其他领域。

智能合约依然是程序员编写的程序

智能合约是计算机科学家尼克·萨博提出的，他也被称为智能合约之父。他在 1994 年左右提出智能合约的设想："智能合约就是一系列数字化形式的承诺集合，还包含一系列相关协议，以确保各参与方能够履行这些承诺"。由于当时互联网刚刚兴起，所以根本没有足够的技术条件来实现这个设想，直到后来区块链的出现才解决了这个问题。借助区块链的去中心化特性和不可篡改性，以及日益发展的计算机技术，智能合约才有了大范围应用的条件，现在主流的区块链系统都支持智能合约。

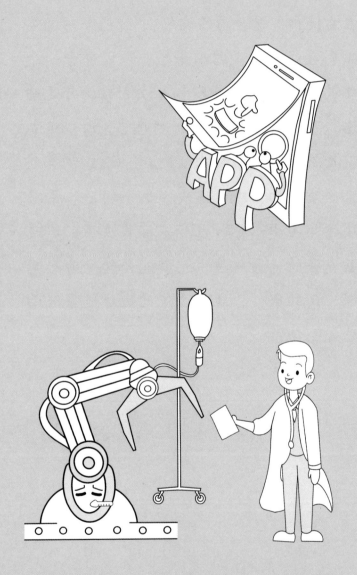

第 3 章

区块链能带给
我们什么

更便捷的金融与交易

区块链是一种在数字货币中广泛应用的核心技术。

曾经比特币的初衷是作为一种全新的数字货币造福人类的经济生活，但目前来看，这一目标并未达到。10 多年过去了，以比特币为代表的数字货币因为价格的暴涨和暴跌，实际上并不能承担一种合格的货币的职责，而变成了一种炒作的投资品，给参与者带来了巨大的风险。试想，如果第一天买一个西瓜需要 1 比特币，而第二天买一个西瓜突然就需要 100 比特币了，这样不稳定的货币谁敢用呢？

第一天

第二天

但从另一个角度来说，在计算机网络构成的数字空间中，比特币能够在去中心化的条件下稳定运行十多年，证明区块链技术还是非常可靠的，这种技术可以在金融和交易领域为我们带来很多好处。其中，数字人民币就是最好的例子。数字人民币是由中国人民银行发行的法定数字货币，从2020年开始开展试用。数字人民币借鉴了很多区块链技术，具有可追溯性、不可篡改、支持智能合约等很多优点。作为法定货币，数字人民币是在中心化管理模式下运行的，这和区块链的去中心化特点是不同的。

数字
人民币

在未来的很多年内，我们也许会面临多种货币形式和支付手段百花齐放的局面，实体人民币和数字人民币将会并存，为我们的经济生活注入更多的活力。不过面对多种多样的货币形式和支付方式，还是要学会明辨是非，防范金融诈骗，保护好自己的隐私，看管好自己的钱包。

更安全的食品与农业

我们从小就知道"民以食为天"的道理，如果你走进位于北京市西城区的北京科学中心的生活展厅，就会看到现代农业与我们认知中的"面朝黄土背朝天"的时代已经大不相同了，而是正在向精准农业的方向迈进。精准农业结合了信息科学、生物科学和工程应用技术，能够充分挖掘农田的最大生产潜力，合理利用水资源，减少环境污染，提高农产品的产量和品质。

精准农业要求我们能够监测、存储和分析农作物生长的全面信息，并且要求这些信息都可以找到源头，这样才能称为精准。

位于北京科学中心生活展厅的精准农业迷你农场

　　在现代食品工业体系下，小到一粒米，大到一头牛，想进入我们的餐桌都需要走过一条漫长的道路，这条道路就是食品生产和供应的链条。就以大米为例吧，一碗米饭是不是好吃，营养成分够不够丰富，是受到很多因素影响的。从稻谷的种植开始，就已经产生大量的数据了——土壤的成分怎样、阳光雨水如何、化肥农药用了多少等。产出的稻谷从农民手中收购到加工厂，要进行很多道工序的加工，还要放在仓库中储存，然后通过各种运输工具送到各大超市和商店，最后被千家万户购买。

在这么漫长的过程中，我们的粮食有可能会出现各种状况，比如发霉变质、遭受虫害、受到污染、营养流失等。那么有没有一种技术手段，让我们在出现问题的时候能够明确地追溯到问题出现在哪个环节呢？这时候，区块链技术就可以派上用场了。

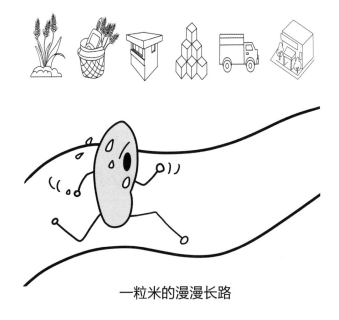

一粒米的漫漫长路

区块链技术的去中心化特别有利于食品产业的数字化建设。在食品生产和销售过程中，所有的数据都可以用区块链的方式进行存储。由于区块链上的数据具有不可篡改的特性，一旦出了问题，我们就可以迅速地追溯到具体的环节和具体的责任人。

当我们的食品数据"链化"后，可以利用区块链来验证与存储数据，通过前面介绍过的哈希值来校验并确认信息的真实性，由于每个区块都有值得信任的"时间戳"，因此我们就保留了完整的证据信息，也保证区块链上的数据不能被别有用心的人篡改。

夸张一点说，有了区块链技术，我们的食品也就有了身份证和档案，每一粒米都可以查到它的"前世今生"，让我们吃得既安心又放心。

更智能的设计与制造

　　制造业是我们国家的经济命脉。要知道，到 2021 年，我国已经连续 12 年成为世界第一制造业大国，我国的制造业比重占到了全球的 30%。就以常见的玩具和服装为例，世界上每 4 件玩具中，就有 3 件是我国制造的，每 3 件衣服中就有 1 件是我国加工的。不过，光做大还是不行的，我们还要做强。目前摆在我们面前的问题是，我们怎样才能让自己的制造业更先进、更智能，换句话说就是将制造变成高端制造，将工厂变成智能工厂。

在北京科学中心的生活展厅中，我们可以清楚地了解到，页岩气是如何开采出来并被生产为我们需要的能源的；机器人是如何帮我们装配制造汽车的；各种形形色色的传感器是怎样运作的；航天员们乘坐的飞船到底是什么样的……这一切都是我国制造业飞速发展的写照。那么能源开采的丰富数据、机器人造车的过程数据还有各种传感器的采集数据都汇集到哪里了呢？我们又该怎样充分地利用它们？怎样保护它们的安全呢？这其中包含的技术很多，本书介绍的区块链自然也有其用武之地。

页岩气开采装备（北京科学中心）

形形色色的传感器（北京科学中心）

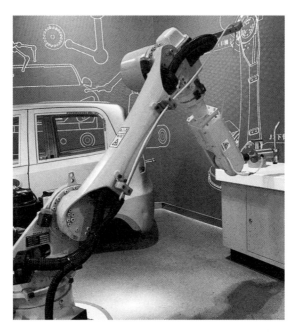

灵活的工业机器人（北京科学中心）

区块链本质上还是一种信息化的技术，利用区块链可以提升制造业的信息化水平。一个企业可以将生产制造过程中的各种信息和数据都放在区块链上，我们称之为数据"上链"。这样我们的制造企业就可以享受到区块链技术带来的各种好处，比如前面提到的去中心化、开放透明、不可篡改、可追溯等。

制造信息上链

那么在一座工厂里究竟有什么数据可以"上链"呢？换句话说，在一个智能工厂里，有什么数据是最重要的，需要保护、需要分享，而且要防止篡改的呢？

第一类数据可能就是制造过程信息了。一般来说，产品的整个制造过程是由制造设备完成的。这些设备不仅包括各种各样的机床、流水线和工业机器人，还包括很多检测设备，用于检测每一个制造步骤是否合格。一个产品质量的好坏是由很多环节决定的，而一旦最终的产品质量出了问题，我们就可以基于区块链技术追溯到具体出问题的环节。追溯的目的不仅是判断该由谁负责，更是为完善产品制造过程提供必要的数据资料。

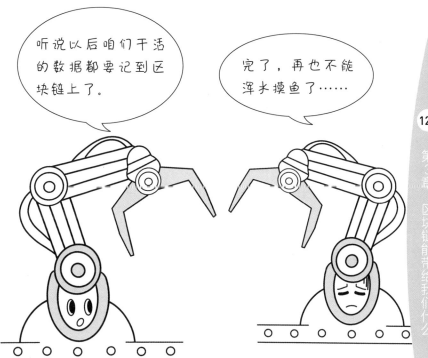

第二类数据是制造设备自身的信息。设备就像一个小动物一样，诞生的时候需要人来教它们行为规范，我们叫作安装和调试；成年以后也会受伤会生病，这就需要医治，我们叫作设备的保养和维修。当然最不幸的是它们也会死亡，我们叫作设备的报废。我们当然希望设备的寿命越长越好。所以通过区块链技术可以让每一台设备都拥有一个属于它自己的全生命周期的"医疗账本"，而且这些信息还可以给设备制造商提供优化改善的新思路。

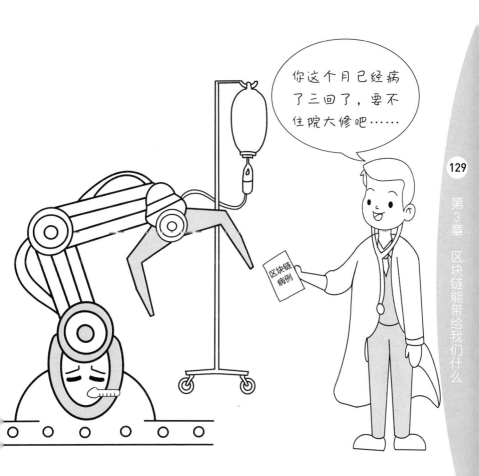

第三类数据是设计数据。设计这个词大家都不陌生，但设计和制造的关系其实挺微妙的。最原始的制造活动中其实是不包含设计环节的。我们可以想象，我们的祖先制造石刀或石斧时，肯定没有事先画好设计图，只是把一块石头摔在地上碎了以后，选择其中最锋利的一块再打磨一下就可以了。

但是随着人类制造的物体越来越复杂，很难仅凭一个人的聪明才智完成，这时候，制造过程就出现了分工合作，这才有了设计这一环节的出现。可以说设计是一种智慧活动，是人类区别于其他动物的一个重要特征。人类为了能制造汽车和飞机这样复杂的产品，花了大量的精力在设计上。设计既可以用文字来表示，也可以用图样来表示。借助现代的计算机辅助技术，产品设计更多的是用三维模型来表示。是否具有良好的设计，能够从根本上决定一个产品的好坏和制造成本。如果一个产品出了问题，在制造环节上查不出原因，那么可能就要追溯到设计上了。区块链技术能够帮助我们很好地保存、共享并追溯设计数据，让设计活动变得更容易、更可靠且更富有创造性。

默默改变我们的生活

看了前面的介绍，我想大家对区块链技术多少都已经有所了解了。实际上，区块链从诞生开始，一直充满争议。有的人认为除了数字货币以外，区块链还从来没有在其他领域证明过自己真的是颠覆性技术；有的人认为区块链被炒作过度了，里面充斥着泡沫甚至是欺骗；另外一些人认为像"挖矿"这种建立共识机制的方法太浪费电力能源。还有一些人认为区块链是属于未来的技术，在数字化的世界中，甚至在元宇宙中必将大放异彩。

技术永远都是双刃剑，从无对错之分，只看它们用在何处。从古至今，真正颠覆性的科学技术必然会引发工业革命，而工业革命的重要标志就是人类认知水平大幅飞跃，世界范围内的生产力大幅提升，或是世界人口数量大幅度增加。第一次工业革命可以认为是"机器"革命，第二次工业革命可称之为"电气"革命，而第三次工业革命可简称为"信息和生物"革命。从这个标准来说，区块链也只是信息技术革命中的一朵浪花而已，还远谈不上伟大。

我们一直强调，区块链是很多信息技术的集合体，而这些技术其实每天都在勤勤恳恳地为我们服务。当我们使用手机或者打开电脑的时候，当我们浏览网站或在互联网上学习的时候，你可能正在使用点对点网络提升你的文件传输速度，或者使用了密码学的技术帮你免受不法之徒的黑客入侵，又或者你使用了各种高效分布式存储技术让你的数据安全无虞，还可能你正在利用哈希值校验完成一次让人惊讶的"极速秒传"。而这一切都是默默进行的，你看不见也摸不着，甚至都无法感知它们的存在，这就是信息技术的力量。对这种力量，我们好奇，我们认知，我们掌握，我们思辨，我们探索，我们发展。其最终的目的，一定是为了人类生存的幸福与美好。